本书受上海市教育委员会、上海科普教育发展基金会资助出版

叶子真奇妙

U0122102

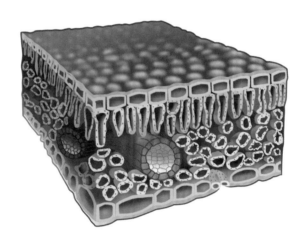

上海教育出版社
SHANGHAI EDUCATIONAL
PUBLISHING HOUSE

图书在版编目(CIP)数据

叶子真奇妙 / 徐蕾主编. – 上海: 上海教育出版社,
2016.12
（自然趣玩屋）
ISBN 978-7-5444-7353-8

Ⅰ.①叶… Ⅱ.①徐… Ⅲ.①植物 – 青少年读物
Ⅳ.①Q94-49

中国版本图书馆CIP数据核字(2016)第287999号

责任编辑 芮东莉
　　　　　黄修远
美术编辑 肖祥德

叶子真奇妙

徐　蕾　主编

出　　版	上海世纪出版股份有限公司	
	上 海 教 育 出 版 社	
	易文网 www.ewen.co	
地　　址	上海永福路123号	
邮　　编	200031	
发　　行	上海世纪出版股份有限公司发行中心	
印　　刷	苏州美柯乐制版印务有限责任公司	
开　　本	787×1092 1/16 印张 1	
版　　次	2016年12月第1版	
印　　次	2016年12月第1次印刷	
书　　号	ISBN 978-7-5444-7353-8/G·6062	
定　　价	15.00元	

(如发现质量问题，读者可向工厂调换)

目录

CONTENTS

没那么简单

　　叶子长什么样？它们随处可见，路边、学校、公园、野外，哪也少不了它们的身影。夏天，它们多数是绿色的小精灵，在艳阳中上下翻飞；秋天，它们又变成了黄色的蝴蝶，在秋风里翩翩起舞。难道这就是有关叶子的一切了吗？当然不是。其实，叶子是变形大师，不仅内部结构十分复杂，在外貌上也千变万化，让人难以捉摸！想要知道得更多？那就来吧，欢迎走进叶的世界！

叶子真奇妙

叶的世界你懂吗?

要想真正读懂叶片的秘密,
你需要学习一些叶子世界的"语言",
现在就从ABC开始吧!

A: 叶有哪些形状?

● 多数叶片可以被归纳为以下八种基本的叶形:

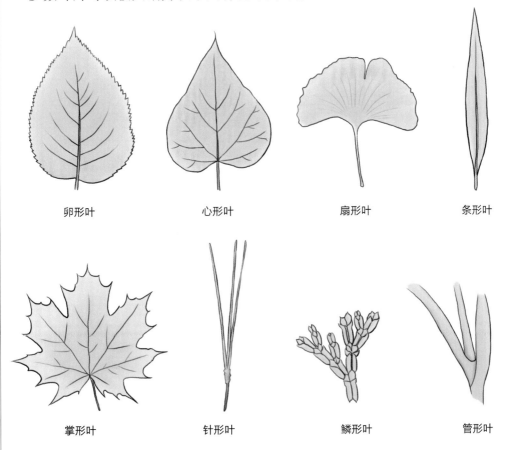

卵形叶　　　　　　心形叶　　　　　　扇形叶　　　　　　条形叶

掌形叶　　　　　　针形叶　　　　　　鳞形叶　　　　　　管形叶

叶子真奇妙

连一连

你在日常生活中一定见过下面这些叶子,请将叶子和对应的叶形进行连线吧!

牵牛花叶

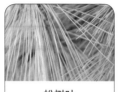

松树叶

银杏树叶

葱叶

| 管形叶 | 心形叶 | 针形叶 | 扇形叶 |

答案参考:牵牛花叶——心形叶;松树叶——针形叶;银杏树叶——扇形叶;葱叶——管形叶

B:叶的边缘长什么样?

● 叶缘的基本类型也有八种:

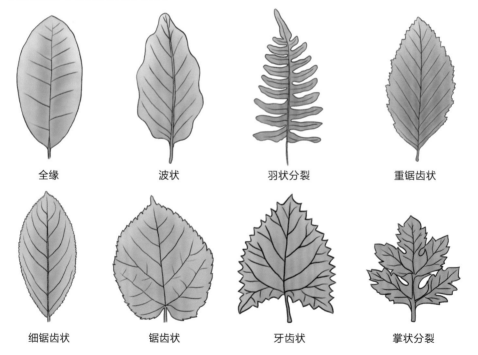

全缘　　　　　波状　　　　羽状分裂　　　重锯齿状

细锯齿状　　　锯齿状　　　牙齿状　　　掌状分裂

叶 子 真 奇 妙

C：它们也是叶？

● 到这里，你以为你真的认识叶了吗？其实自然界还存在着一种"叶变态"的现象，会完全颠覆你对叶的"世界观"！

1. **叶刺**：有的叶把自己伪装成刺状，以减少水分的散失，适应干旱环境，同时还有保护作用。

2. **叶卷须**：有的叶把自己变成卷须，适合攀援在其他物体上，弥补了茎杆细弱、支持力不足的弱点。

3. **捕虫叶**：有的叶长得像容器，有瓶状、囊状、盘状等，这种叶子一般都是用来捉虫子的。

4. **鳞叶**：有一些叶长得非常肥厚，可以贮藏营养物质。

● 虽然它们形态变化如此之大，但生长的位置却始终不变——全都长在植物着生叶的部位。

● 现在，请根据刚刚学过的"叶的语言"，把下面隐藏的叶"翻译"出来吧！横排的每组植物中只有一种长有变态叶，请你把变态叶的部位圈出来并写上相应的类型。

葡萄

豌豆

小提示

仔细观察二者着生的位置！

仙人掌

柑橘树

小提示

茎刺比叶刺更难以被掰下来！

叶子真奇妙

猪笼草

西藏杓兰

蒜瓣

洋葱

找一只完整的蒜头和一只洋葱剥剥看。洋葱里面是一层一层的，能剥下来的都是鳞叶，最后剩下的中间部分是什么呢？其实是它的腋芽，将来可以长成小苗。（为了避免刺激眼睛，建议洋葱放在水里剥）

鳞叶

捕虫叶

刺叶

卷须叶

叶子城堡探秘

欢迎进入叶子城堡，深入了解叶子的内部构造！让我们先使用缩骨术，把自己变成5微米高（相当于头发丝直径的十分之一）的小人，进入叶片内部吧！

叶脉地图

● 内部探秘该从哪里开始呢？当然是叶脉！叶脉就像叶片的"骨架"和"毛细血管"，既能让叶片保持直立，又能向叶片各个部位输送水分和养料，它四通八达无所不至，你只要沿着叶脉进行游览，就能将叶子城堡内所有的风景尽收眼底。但并不是所有叶片的叶脉都长一个模样，你面前这五幅不同的"叶脉地图"就代表着叶脉的五种基本类型，赶紧选择自己心仪的一种路线开始参观吧！

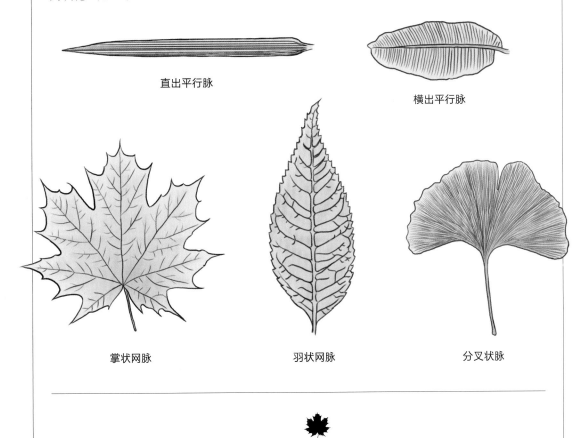

直出平行脉

横出平行脉

掌状网脉

羽状网脉

分叉状脉

叶子真奇妙

城堡构造

● 迈出第一步的你，心情是不是既激动又紧张呢？沿着叶脉慢慢往前参观，叶片城堡内部的构造就在你面前展露无遗，里面布满了一个个被称为"细胞"的小房间。

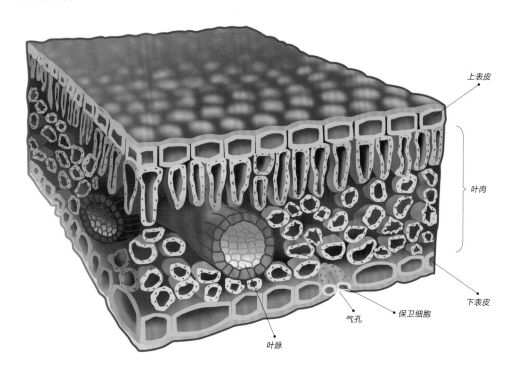

▲ 叶片内部构造

上表皮

叶肉

下表皮

保卫细胞

气孔

叶脉

● 如果你抬起头，会发现顶楼上的细胞全部属于上表皮，它们是叶片城堡的卫兵队，就像你的皮肤一样，对叶片起到保护作用。

● 紧接着往下的几层细胞都属于叶肉组织，这也是整个城堡的核心。这些细胞有的长得像栅栏一样，紧挨着上表皮排列得整整齐齐——它们是栅栏组织；有的则分布松散，杂乱无序，就像海绵一样——它们是海绵组织。

● 而最底层的细胞则属于下表皮，跟上表皮一样，它们是叶片的保护层。

● 什么？细心的你还发现了气孔？给你点个赞！从名字中你能猜出它的作用吗？

参考答案：气孔是叶片与外界进行气体交换的"窗口"。

叶子真奇妙

"细胞房"

● 现在，你被允许进入整个城堡的核心区域——叶肉细胞中进行参观，准备好了吗？"细胞房"，出发！

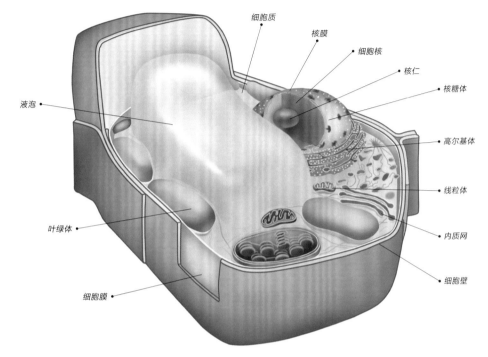

▲ 细胞结构

● 是不是很惊讶？原来看起来并不起眼的小"细胞房"里面，竟然有这么多的宝藏！

● 在靠近细胞中部有一个圆形的细胞核，它是整个细胞的控制中心，同时也包含着细胞中主要的遗传物质，决定着细胞的世代繁衍。

● 在细胞里有一些长得像棒球一样的东西，有的穿着绿色的外衣——这是叶绿体，是植物的"养料制造车间"和"能量转换站"，植物的光合作用就在这里进行；而剩下的则是线粒体，它们是细胞的"发电站"，为细胞的生命活动提供能量。

● 相信你一定已经注意到了那只巨大的液泡。顾名思义，它里面充满了液体，而它，与叶绿体一起，决定着叶片的颜色。想知道叶色的秘密吗？请继续往下看！

叶子真奇妙

叶色的秘密

● 为什么大多数植物的叶片在夏季是绿色的，而到了秋天，有一些会变黄，还有一些（比如枫叶）会变红？这些问题，你是不是百思不得其解？接下来就到了解密时间。

1．叶片中含有许多叶绿体，而叶绿体中主要含有两种色素：叶绿素和类胡萝卜素。叶绿素"讨厌"绿色，所以把绿色全部反射出来，我们所看到的就是绿色；同样的道理，类胡萝卜素反射黄色，叶片就呈现为黄色。

2．在夏季，多数叶片呈现绿色，是因为叶绿素比类胡萝卜素多，黄色被绿色掩盖。

3．随着叶片逐渐老化，叶绿素逐渐被分解，而类胡萝卜素的分解速度比较慢，于是叶子就逐渐变成黄色。

4．那么，枫叶为什么到了秋天会变红？其实红色是由液泡中新制造出来的色素——花青素所产生的。

▲ 绿色荷叶

▲ 黄色银杏叶

▲ 红色枫叶

想一想

树叶为什么偏要在落叶的时候改变颜色呢？

A. 为了展示自己美丽的另一面　　B. 为了回收养分

C. 为了减少光合作用　　D. 为了吸引昆虫

答案：B。这是因为树叶在变色凋落的过程中暗藏着玄机，同时由于养分中这其中一些可以利用的养分，它们主要集中在叶绿素中，这些营养被树叶分解、回收储存后，叶绿素减少了，黄色素就显露出来，叶子就渐渐老了。

叶子真奇妙

自然探索坊

挑战指数： ★ ★ ★ ☆ ☆
探索主题： 叶脉、叶形、叶缘及叶色
你要具备： 观察能力、动手能力
新技能获得： 归纳总结能力、创造力

博物馆奇妙叶

● 想找些植物来练手，但却总是苦于不知道它们的名字，这该怎么办呀？现在悄悄告诉你一条捷径：在上海自然博物馆地下二层的缤纷生命展区，有一个"叶美如画"展柜，里面陈列的腊叶标本种类非常丰富，而且每一种植物都标有名字，相信它们一定会对你有所帮助！

● 找到你最喜欢的一种叶片，将它画下来，注明它的叶形及叶缘类型，并注意在画的过程中突出表现这些特点。

▲ "叶美如画"展柜

叶子真奇妙

制作叶脉书签

● 商店卖的书签虽然精美，却总少了那么点纪念意义。想自己动手制作一个叶脉书签吗？

材料准备：

☐ 植物叶子

☐ 洗米水/食用碱溶液

☐ 软毛牙刷

☐ 吸水纸

☐ 颜料

☐ 绘画笔

▲ 煮好的叶子

制作步骤：

1. 将准备好的叶子放进洗米水（或者食用碱溶液）中煮10~15分钟，当叶子的绿色褪去，慢慢变成咖啡色的时候将其捞出。

2. 用软毛牙刷轻轻刷去叶肉，留下叶子的脉络。

3. 刷干净后的叶子用吸水纸吸干，有种透明的美感哦！

4. 选择自己喜欢的颜色的颜料（建议暖色调），用水稀释，涂在透明的叶脉上，晾干，漂亮的叶脉书签就制作完成了！

▲ 刷好一半的叶子

▲ 擦干的叶子

● 不妨自己试试看：选哪种植物的叶片（比如香樟、梧桐、桂花树）做出的叶脉书签最完整？处理叶肉还有哪些方法？染色用什么类型的颜料效果最好？

叶子真奇妙

蔬菜馒头DIY

● 你吃过五颜六色的馒头吗？如果是使用人工合成色素做成的彩色馒头，很可能对你的健康造成危害。其实，从日常吃到的蔬菜里，就可以提取纯天然的健康色素：比如用菠菜汁提取绿色，用胡萝卜汁提取橙色，用紫薯泥提取紫色。

● 今天，你可以学到一种更特别的方法,用紫甘蓝来做红色的馒头！什么？红色的馒头？紫甘蓝打成汁是紫色的呀！是的，你并没有眼花，具体怎么做，请接着往下看吧！请在家长的协助下进行操作。

材料准备：

☐ 紫甘蓝叶片　☐ 榨汁机　☐ 面粉　☐ 酵母　☐ 白醋　☐ 白糖　☐ 蒸锅

制作步骤：

1. 将紫甘蓝叶片打成汁，汁是紫色的。
2. 逐量倒入白醋，用筷子搅拌均匀，紫色慢慢变成了红色，是不是很惊艳？倒入白醋要适量，只要全部变色即可，不用太多，再加入适量白糖搅拌至融化（白糖可以中和醋的酸味，馒头吃起来是甜甜的，一点醋味也没有）。
3. 加入面粉，和成红色面团，再加入适量酵母粉，放温暖处发酵。
4. 接下来就自由发挥吧！可以把红色面团做成各种你喜欢的形状，用蒸笼蒸熟，漂亮又美味的红色馒头就做好啦！

◆ **小贴士**：紫甘蓝汁浓度越高做成的馒头颜色越艳丽，反之则颜色较浅。

● **原理大揭秘：** 紫甘蓝的颜色来自于液泡中的花青素，而花青素的颜色则跟酸碱度有关，中性条件下它是紫色的，而加入酸性的白醋之后，它就会变成红色了。

● 自己做一做，假如加入食用碱溶液，它会变成什么颜色？利用这个原理，你还可以利用紫甘蓝汁测定各种液体的酸碱度哦! 试试看吧!

叶 子 真 奇 妙

奇思妙想屋

● 在叶子城堡中，你已经仔细观察过它的楼层构造了，现在，就请你当一回小小建筑师，以细胞作为基本单位，搭建出叶片内部构造的模型吧！材料和方法均不限，不过，记得要把作品保存下来哦！请把你的作品拍照上传至上海自然博物馆官网以及微信"兴趣小组—自然趣玩屋"，和你的小伙伴们一起线上交流自己的作品吧！

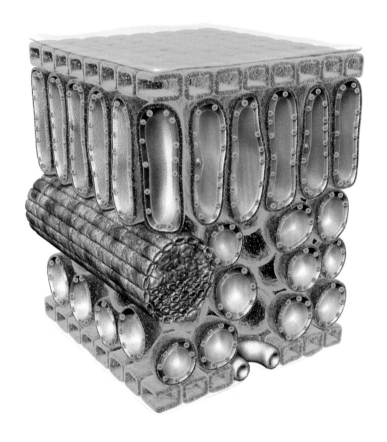

▲ 叶片内部构造